AF460089

PETIT TRAITÉ

DE

SÉRICICULTURE

TYP. HENNUYER, RUE DU BOULEVARD, 7. BATIGNOLLES.
Boulevard extérieur de Paris.

PETIT TRAITÉ

DE

SÉRICICULTURE

ÉDUCATION DES VERS A SOIE

CULTURE DU MURIER, ETC.,

D'APRÈS

DANDOLO, MATHIEU BONNAFOUS, CAMILLE BEAUVAIS,
LOUIS LECLERC,
ET NOS MEILLEURS SÉRICICULTEURS,

Orné de 16 figures intercalées dans le texte.

PAR H. HAMET,
Membre de plusieurs Sociétés agricoles.

PARIS
LIBRAIRIE AGRICOLE DE A. GOIN,
QUAI DES GRANDS-AUGUSTINS, 41.
LIBRAIRIE ÉLÉMENTAIRE DE CH. FOURAULT,
RUE SAINT-ANDRÉ-DES-ARTS, 47.

1856

Nous répéterons ici ce que nous avons dit dans l'avant-propos de notre *Petit Traité d'Apiculture :* C'est par les petits livres que la science se vulgarise.

Pourrait-il en être autrement, lorsque ces sortes de publications joignent à l'avantage d'être concises celui non moins grand d'être à bon marché? On ne saurait donc trop en publier.

Mais pour que les petits livres de science pratique renferment un enseignement fructueux, il faut qu'ils contiennent un certain nombre de figures pour l'intelligence de leur texte souvent raccourci.

Nous avons donné dans celui-ci, qui

est la réunion des articles que nous avons publiés dans le *Nouveau Journal des Connaissances utiles*, toutes les figures nécessaires pour pouvoir se livrer avec fruit à l'éducation des vers à soie. Ce traité est écrit plus spécialement au point de vue des petites éducations, de celles que peuvent faire la plupart des gens de la campagne.

PETIT TRAITÉ

DE

SÉRICICULTURE

MURIERS ET VERS A SOIE.

La *sériciculture* est l'art de produire la soie; elle s'entend plus particulièrement de l'éducation du ver qui produit cette matière. Elle comprend 1° la culture du mûrier, 2° l'éducation du ver à soie, 3° la mise en œuvre de la soie. Il s'agit ici du ver ou chenille qui se nourrit de la feuille du mûrier. Nous parlerons plus loin du ver à soie du ricin et de celui du chêne.

La production de la soie est facile, et à la portée des gens de la campagne; elle demande peu de capitaux et peut se pratiquer sur presque tous les points de la France, je ne dis pas avec égal succès, mais avec avantage partout.

Dans les contrées où la sériciculture s'est développée, les trois parties de cette industrie se sont séparées peu à peu et s'exercent par des personnes différentes : les unes plantent des mûriers sur leurs terres et vendent la feuille ; les autres achètent les cocons, les filent et vendent la soie. Mais il ne peut en être ainsi dans les localités où le ver à soie est nouvellement introduit, et surtout pour les petites éducations : l'éducateur est obligé d'être à la fois planteur et filateur. Nous allons tâcher de donner les notions nécessaires pour exercer concurremment ces trois parties.

I.

CULTURE DU MURIER.

Espèces les plus avantageuses. — Plantation et taille du mûrier. — Cueillette des feuilles.

Le *mûrier*, dont les feuilles servent à nourrir le ver à soie qui nous occupe, est un arbre de moyenne grandeur, plutôt petit que grand, qui affecte la forme de certaines variétés de cerisier et de prunier, et qui prospère dans à peu près toutes les latitudes de la France et dans tous les sols ; mais il préfère les terres légères, sablonneuses, profondes, perméables, et craint les sous-sols argileux, qui retiennent l'eau.

Exposition. — Le mûrier demande à être placé au midi plutôt qu'au nord, sur les coteaux plutôt que dans les vallées, et près des rivières.

Variétés. — Il existe un grand nombre d'espèces et de variétés de mûrier. On a reconnu que les meilleures sont : le mûrier blanc des Cévennes, le mûrier multicaule, le mûrier hybride, le mûrier blanc sauvageon, le mûrier lou.

Multiplication. — Le mûrier est multiplié par le semis, la bouture, la marcotte, et l'on reproduit les bonnes variétés par la greffe. Lorsqu'on est proche d'une pépinière, il vaut mieux acheter des arbres tout formés que de les former soi-même, ce qui demande quelque temps [1]. Mais

[1] On trouve des mûriers chez quelques pépiniéristes de Paris et chez beaucoup de leurs confrères du Midi. Nous recommandons particulièrement ceux de MM. Jacquemet-Bonnefont, à Annonay (Ardèche), qui vendent tous les ans

comme on ne trouve pas toujours ces pépinières, nous allons, d'après M. Robinet et les meilleurs sériciculteurs, donner les moyens abrégés de former et de conduire le mûrier.

Préparation et choix de la graine. — La graine de mûrier doit être récoltée sur un arbre de bonne qualité et âgé. Ordinairement, les arbres destinés à fournir de la graine ne sont pas dépouillés de leurs feuilles. On laisse tomber les mûres; on les met dans de l'eau; au bout de deux jours, on les écrase avec les mains et on les presse pour en faire sortir la graine, qu'on fait sécher à l'ombre.

La bonne graine de mûrier vaut 12 à 14 fr. le kilo ; elle ne se conserve qu'un an. On en trouve chez les principaux grainetiers de Paris et du Midi, qui la vendent 50 centimes les 30 grammes. Il en faut de 8 à 10 grammes pour ensemencer 1 are de terre, environ 1 kilo par hectare. Nous disons environ, parce qu'on peut étendre ou diminuer la proportion, suivant la qualité de la graine et la nature du sol dans

plus de 100,000 lous provenant de boutures, à raison de 5 à 7 fr. le 100, selon le choix.

lequel on sème : 30 grammes de bonne graine fournissent 16,000 plants de mûriers.

Semis. — Le semis doit se faire au printemps, dans une terre légère, fumée et très-propre, à la volée ou en rayon. Ce dernier mode est préférable. On mêle la graine à du sable ou à de la cendre pour la semer. On l'enfouit très-peu, et, pour empêcher le terrain de durcir, on le couvre d'une couche de terreau ou d'un paillis.

Pépinière. — L'année suivante, les jeunes plants de mûriers, qu'on appelle *pourettes*, sont mis en pépinière ; ils sont repiqués à 40 ou 50 centimètres de distance, en tous sens, et rabattus sur deux yeux. On conserve une seule tige. Dès la fin de juillet ou en août, on peut greffer à œil dormant. Les sujets qui ne réussissent pas sont greffés à œil poussant au printemps suivant. On greffe en écusson et en flûte.

Boutures. — Le bouturage consiste à ficher en terre un rameau, sans ou avec talon. La multiplication par bouturage n'est pas aussi prompte et aussi assurée que par le semis ; les produits en sont moins vigoureux, moins rustiques ; ils s'enracinent moins profondément et résistent moins bien à la sécheresse du sol. Cependant ils présentent l'avantage de ne pas avoir besoin d'être greffés, et l'on peut les employer utilement pour former des mûriers nains ou à mi-tige, dans le nord de la région du mûrier, où cet arbre souffre moins de la sécheresse, et dans les terrains frais du Midi. Toutefois, on ne peut multiplier ainsi avec succès que le mûrier multicaule et ses variétés, telles que le mûrier hybride et le mûrier lou. Après leur reprise, les boutures sont repiquées dans la pépinière; on les recèpe en pied l'année suivante.

Marcottes. — Le procédé du marcottage consiste dans l'établissement de quelques pieds de mûriers de bonne qualité, appelés *mères.* Ce sont des souches recepées rez terre. Chaque année on choisit quelques-unes de leurs plus belles pousses et on les couche dans la terre autour du maître pied, de manière à couvrir de terre environ 20 à 30 centimètres de la branche. L'extrémité qui se relève est rabattue sur deux ou trois yeux. Dans l'année du marcottage, la branche lance dans le sol assez de racines pour qu'on puisse la séparer de la souche l'année suivante; elle forme alors un pied d'arbre distinct. On a eu soin de donner une bonne direction à l'un des rameaux qui se sont développés. La troisième année, on a un beau plant, qu'on peut enlever et qui reproduit exactement la mère. Avec quelques mères bien dirigées on peut entretenir ses plantations sans acheter de nouveaux arbres.

Greffe. — Les sujets obtenus de semis s'appellent *sauvageons,* et tendent à se rapprocher, par leurs caractères, de leur type primitif, le *mûrier blanc.* Leurs feuilles sont petites et souvent très-divisées. Elles sont un peu plus favorables à la nutrition que celles des diverses variétés de mûrier dont nous avons parlé ; elles donnent aussi, à poids égal, une soie un peu plus abondante et un peu plus belle ; leur existence est généralement plus longue ; mais les bonnes variétés de mûrier fixées par la greffe, les marcottes et les boutures, l'emportent de beaucoup par les avantages suivants : un arbre d'une étendue donnée produit beaucoup plus de feuilles en poids qu'un sauvageon de même dimension. Il faut moitié moins de temps pour en cueillir le même poids. Enfin, ces variétés atteignent beaucoup plus tôt que le sauvageon leur maximum de développement.

On ne greffera point des sauvageons qui présentent un feuillage ample sans découpures et des rameaux gros et vigoureux.

On greffe le mûrier en *écusson* et en *flûte de Faune*. On écussonne à œil poussant et à œil dormant. Dans le premier cas, on choisit, au commencement de mars, de jeunes rameaux sur des arbres vigoureux qui n'ont pas été effeuillés l'année précédente et qui appartiennent à la variété qu'on veut multiplier. On les couche dans du sable abrité du soleil, et on laisse sortir leur sommet de 8 à 10 centimètres. La végétation de ces rameaux étant ainsi retardée, on attend à la fin de mai; et dès que la séve des sujets est dans toute sa puissance, chacun des boutons de ces rameaux est levé et posé comme autant d'écussons. On coupe immédiatement le sujet à 10 ou 12 centimètres du point où l'écusson a été posé, et celui-ci se développe. Si cette greffe ne réussit pas, on la remplace par un écusson à œil dormant, pratiqué vers le mois d'août, et l'on ne rabat de nouveau le sujet qu'au printemps suivant.

Il faut une grande habitude pour bien réussir dans cette opération. L'essentiel est d'aller vite; car, pour peu qu'on tarde à placer l'œil qu'on a détaché, il se dessèche et ne se soude pas au sujet. Le choix du temps est aussi d'une grande importance. Il faut éviter de greffer par un grand soleil, ou lorsqu'il règne un vent fort. Après une pluie abondante, l'excès de séve détache les yeux. Par une sécheresse prolongée, au contraire, la séve manque. On donne le nom de *baguettes* aux greffes d'un an.

Formes. — Les mûriers sont soumis à quatre formes : à haute tige, mi-tige, nains, en haies ou taillis. Ces différentes formes présentent des avantages particuliers, selon la localité, le terrain, et selon que l'on veut obtenir tôt des produits.

Plantation. — On plante quelquefois le mûrier à l'automne, dans le Midi ; mais généralement il vaut mieux le planter à la fin de l'hiver. Le sol doit être ameubli profondément. La terre ne demande pas à être fumée. La plantation doit être presque à fleur de terre. On compromet les mûriers quand on les enterre profondément. Pour les mûriers à haute tige et à mi-tige, on fait un trou pour chaque arbre; mais pour les nains et ceux en haie, il vaut mieux faire une fosse longitudinale. Deux ans après la plantation, on défonce autour de

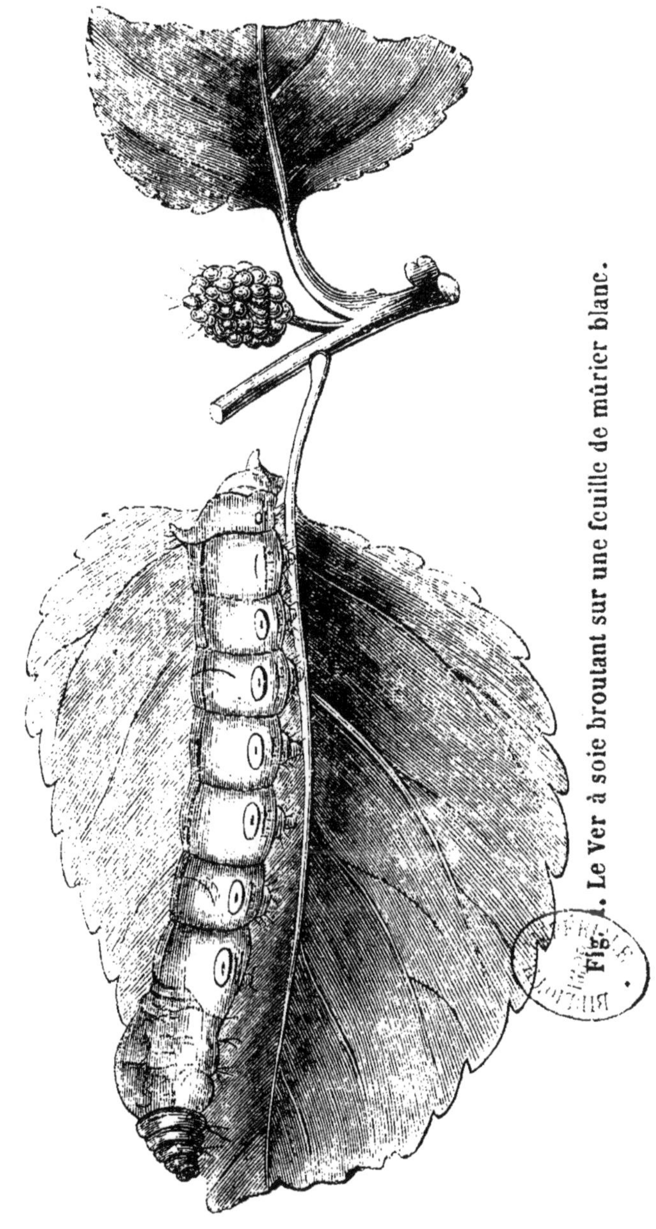

Fig. 1. Le Ver à soie broutant sur une feuille de mûrier blanc.

l'arbre une bonde de terre, de manière à remuer le sol assez fortement. Il convient peu de cultiver, dans les premières années qui suivent la plantation, des plantes herbacées au pied des mûriers, si ce n'est quelques fourrages que l'on coupe verts. Ceux que l'on plante le long des chemins et des routes ne réclament pas d'autres soins que ceux donnés aux pommiers et aux poiriers.

Les mûriers à haute tige doivent être placés à 6 ou 7 mètres de distance; les mitiges à 5 mètres, les nains à 4 mètres, les taillis à 2 ou 3 mètres, et leur disposition doit être en quinconce. Les hautes tiges, sur les chemins, doivent être à 10 ou 12 mètres, afin que leur ombre nuise peu aux produits du sol. Pour les haies, on laissera seulement une distance de 30 à 40 centimètres entre les brins de mûriers.

Les mûriers à haute tige ou plein vent doivent avoir 1 mètre 60 à 2 mètres de tige. Au bout de vingt ans de plantation, ces mûriers peuvent donner 100 k. de feuilles, en terrain convenable. Les mûriers à basse tige doivent avoir 50 centim. à 1 mètre de tige; ils peuvent donner 20 kilos de feuilles à dix ans. La quantité de feuilles que peuvent donner les mûriers en taillis ou en haies est subordonnée au terrain, à la qualité du plant et aux soins qu'on apporte dans la cueillette des feuilles, qui ne doit se faire que tous les deux ans, si l'on veut avoir des produits supérieurs et conserver longtemps l'arbrisseau.

Taille. — La taille du mûrier a pour but d'obtenir la plus grande quantité possible de feuilles riches en éléments soyeux, d'une cueillette facile et prompte, et cela sans diminuer sensiblement la durée de ces arbres.

Il est important de distinguer la taille qui a pour objet la formation du mûrier de celle qu'on lui applique quand il est formé. Par la *taille de formation*, on dispose la tige de l'arbre, ses branches mères et une tête proportionnée à sa force. Par la *taille de de production*, on renouvelle sans cesse le bois, de manière à obtenir beaucoup de feuilles de bonne qualité et faciles à récolter.

Taille de formation. — On établit la tête du mûrier sur trois branches, autant que possible, qui ne doivent pas partir du même point. On leur donne, dès la seconde année, une longueur de 50 centimètres environ, et même plus si elles sont très-fortes. On commence à bifurquer la seconde ou la troisième année, et l'on continue ainsi jusqu'à ce que la tête de l'arbre soit assez forte ; elle doit avoir la forme d'un entonnoir, bien évidé dans l'intérieur, pour laisser pénétrer l'air et la lumière.

La taille de formation se pratique au printemps, avant la végétation. Il faut laisser aux branches mères toute la longueur que comporte leur diamètre. Le tronc profite mieux avec une tête bien garnie qu'avec une tête trop éclaircie.

Taille de production ou d'entretien.—Cette taille se pratique lorsque l'arbre est formé, et s'accomplit au printemps et dans l'été. Elle a pour effet de refouler la séve et de faire développer assez vigoureusement un grand nombre de bourgeons sur toute l'étendue des branches principales.

La taille du printemps, pratiquée dans le centre et dans le nord, se renouvelle tous les trois ou quatre ans. L'année de la taille, on ne récolte pas les feuilles. La taille de l'été, qui ne peut être pratiquée que dans le Midi, s'exécute aussitôt après la cueillette des feuilles.

Les instruments dont on se sert pour

tailler les mûriers sont : la scie à main pour abattre les grosses branches, et la serpette pour les petites. La coupe doit toujours se faire en biseau et le plus près possible d'un œil, en ayant soin de ne pas l'endommager. Autant qu'on le pourra, la plaie sera tournée du côté du nord.

Maladies et ennemis du mûrier.—Les principales maladies du mûrier sont : 1° celle désignée sous le nom de *feu volage,* qui en détruit un grand nombre; 2° la *rouille,* qui affecte les feuilles des mûriers plantés dans des endroits bas et humides. Ses ennemis sont le perce-oreille et le porte-selle, qui font parfois de grands ravages. Il faut aussi avoir soin de débarrasser les mûriers de la mousse qui s'attache quelquefois après leur tronc, en les couvrant d'une couche de chaux.

Cueillette ou récolte des feuilles. — C'est au moment de la fleuraison de l'aubépine qu'on commence à effeuiller les bourgeons dont les feuilles sont complétement développées. On ne récolte que sur les mûriers bien formés, et il convient de ne pratiquer cette récolte que tous les deux ans. Pour cela, on assole les arbres. Ce n'est qu'après que le soleil a dissipé l'humidité qu'on commence la cueillette, et on doit cesser avant la fraîcheur du soir. Les feuilles mouillées sont très-préjudiciables aux vers à soie. Il faut dépouiller entièrement les arbres et éviter avec soin de détruire les yeux qui doivent donner naissance aux nouveaux rameaux. Lorsqu'on n'a que peu de vers à nourrir, on ne dépouille qu'une branche à la fois. On arrache les feuilles en passant la main de bas en haut, sans serrer le bourgeon.

La feuille cueillie est mise dans des sacs mouillés, et emportée au logis dans un endroit frais, tel que cellier ou cave, où, pour la conserver, on l'étend en couches de 25 à 30 centimètres. On arrose légèrement celle qui serait quelque peu fanée. Le kilo de feuilles se vend 7 centimes, et revient à 3 ou 4 centimes au propriétaire de mûriers. On estime qu'un hectare de mûriers en plein rapport peut nourrir 300 grammes (10 onces) d'œufs, et produire par conséquent 10,000 kilos de feuilles. Si on calcule à raison de 7 fr. les 100 kilos, on a le chiffre de 700 fr. de produit par hectare.

II.

ÉDUCATION DU VER A SOIE.

Histoire naturelle. — OEuf. — Incubation. — Graine. — Mues. — Ages. — Montée. — Coconnage. — Déramage.

Histoire naturelle du ver à soie. — Que de belles dames, vêtues de soie des pieds jusqu'à la tête, ignorent d'où provient le tissu brillant et léger dont elles se parent! Le fil précieux de ce tissu est fourni par une laide chenille, appelée ver à soie, qui se fait chrysalide, se transforme en papillon, et sous cette forme s'accouple et pond; puis de ses œufs sortent d'autres chenilles, qui accomplissent les mêmes métamorphoses.

Lorsque l'on veut, pour la première fois, élever des vers à soie, il faut, avant la pousse des feuilles, se procurer des œufs. On en trouve, à Paris, chez M. Robinet, au secrétariat de la *Société centrale d'agriculture*, rue de l'Abbaye, 3, et chez quelques marchands. Dans le Midi, on en trouve chez les principaux éducateurs, notamment à la magnanerie expérimentale de M. Robert, à Sainte-Tulle. Il faut aussi, pour l'éducation des vers, préparer un lieu particulier, qu'on appelle *magnanerie*, et différents appareils, peu dispendieux du reste, que nous verrons plus loin.

Il existe plusieurs races de vers à soie du mûrier : les unes donnent de la soie blanche, les autres de la soie jaune. On vante beaucoup les races venant d'Italie.

Œufs. — Les œufs, qu'on appelle aussi *graine*, sont de petits corps ronds en forme de lentilles, mais qui ne sont guère plus gros que les grains du pavot, ressemblent quelque peu à la graine de trèfle, sont aplatis sur les deux faces et déprimés dans leur centre. Il en faut environ 1,350 pour un gramme, lorsqu'ils viennent d'être pondus, mais au moment de l'éclosion ils ont perdu 12 p. 100 de leur poids ; 1 gramme à cette époque n'en contient plus qu'environ 1,200. Au moment de la ponte, les œufs sont de couleur jaune. Peu à peu ils deviennent brun rougeâtre, gris roussâtre, et enfin gris d'ardoise. Puis, quand l'éclosion approche, la couleur des œufs se modifie de nouveau et devient bleuâtre, violette, cendrée, jaunâtre et enfin blanche. Les œufs qui restent jaunes après la ponte ne valent rien.

Education. — L'éducation des vers à soie commence en mai. Aussitôt qu'on s'aperçoit que les bourgeons du mûrier se gonflent, verdissent et laissent apparaître quelques petites feuilles, il faut s'occuper de l'éclosion de la graine. Mais avant de parler de l'éclosion, posons les principes généraux d'éducation. Ces principes sont : 1° l'exposition convenable et les bonnes dispositions du local servant à l'éducation ; 2° l'emploi de bons œufs, bien couvés ; 3° une parfaite incubation, obtenue par un degré de chaleur progressivement élevé et régulièrement soutenu ; 4° la plus grande simultanéité possible dans les différents âges que le ver accomplit, et surtout un espacement convenable des vers sur les claies ; 5° une nourriture saine et suffisante ; 6° une température égale et constamment soutenue ; 7° une atmosphère toujours pure, qui ne s'obtient que par des délitements fréquents, une propreté très-grande et une ventilation énergique ; 8° enfin des soins constants.

Incubation. — Lorsque le moment de faire éclore les œufs arrive, il faut les tirer du lieu où on les a conservés et les placer à une température plus chaude, que l'on élèvera graduellement. Anciennement, les femmes les *couvaient* en les portant sur elles : quelques-unes le font encore ; mais cette méthode est bien défectueuse, et cause la plupart des maladies qui, plus tard, atteignent les *chambrées*. A cette heure, quand les *jeunes vers* ne naissent pas naturellement au printemps, lorsqu'une chaleur douce arrive, on les fait éclore artificiellement dans une petite chambre dans laquelle on entretient une chaleur graduée. Cette chaleur est d'abord de 18° centigrades, et monte graduellement de 1 ou 2 degrés par jour jusqu'à ce qu'elle ait atteint 25°. Suivant que les œufs ont été conservés dans un lieu plus ou moins froid, on obtient des vers au bout de six à douze jours. De bons œufs éclosent en cinq jours. C'est le matin, depuis le lever du soleil jusqu'à neuf heures environ, qu'on voit sortir les jeunes vers de leur coquille, quand ils éclosent naturellement. Le ver naissant est brun, presque noir ; mais cette couleur est due aux petits poils dont il est recouvert. La longueur du ver naissant est de près de 2 millimètres. A mesure qu'il grandit, les poils s'écartent et laissent voir la peau, qui est généralement blanche, quelquefois marbrée de gris plus ou moins foncé. Nous verrons par la suite qu'en grandissant le ver change plusieurs fois de peau, accomplit différentes phases très-importantes à connaître.

Comme les vers ne naissent pas tous en même temps, il est bon de les diviser en séries ou *levées*. Les premiers et les derniers nés sont souvent négligés. Pour faire les *levées*, on emploie de petits filets ou des tulles, qu'on étend sur les œufs ; on y distribue de la feuille coupée ; à mesure que les vers naissent, ils montent sur la feuille, et toutes les deux heures on peut ainsi faire une levée, en enlevant le tulle, que l'on remplace par un autre.

Mue. — En grandissant, avons-nous dit, le ver à soie change plusieurs fois de peau et de museau; ces changements s'appellent *mues*. La mue est donc une espèce de crise qui s'annonce par un changement de forme, de couleur et d'habitudes. Il y a des vers à soie à trois et à quatre mues. Dans cette crise le ver à soie jaunit, sa peau se ride, surtout vers la tête ; il cesse de manger, s'arrête et tient relevée la partie antérieure de son corps. A ce moment le museau du ver paraît très-petit comparativement à son corps (voir la figure 5 ci-dessous). Le ver a eu soin de jeter çà et là quelques fils de soie sous lesquels il s'est glissé avant de s'arrêter. Ces fils servent à retenir la vieille peau que le ver va quitter. Au bout de quelques heures, grâce à un travail interne qui a lieu, la nouvelle peau est formée et séparée de l'ancienne par une liqueur qui s'est répandue entre elles. Alors le ver, sortant du sommeil dans lequel il était plongé, s'agite et se cramponne aux corps qui l'environnent; son bec tombe, puis il quitte peu à peu l'ancienne peau. Le nouveau bec est très-gros.

Age. —On appelle âge la période de temps qui s'écoule d'une mue à l'autre. Les vers qui muent quatre fois ont cinq âges.

On divise l'éducation du ver à soie en huit périodes, que nous allons donner, avec les soins qu'elles réclament, d'après la *Petite Magnanerie du père Toussaint*, de Louis Leclerc [1]. Mais remarquons avant qu'à chaque âge il existe un moment où l'appétit des vers paraît insatiable; c'est ce qu'on appelle *frèze.*

[1] Chez Bouchard-Huzard. Un vol. format Charpentier. Prix : 2 fr. 50.

1re PÉRIODE : *éclosion.* — Nous avons vu plus haut la manière de faire éclore les œufs; nous n'y reviendrons pas. Nous don-

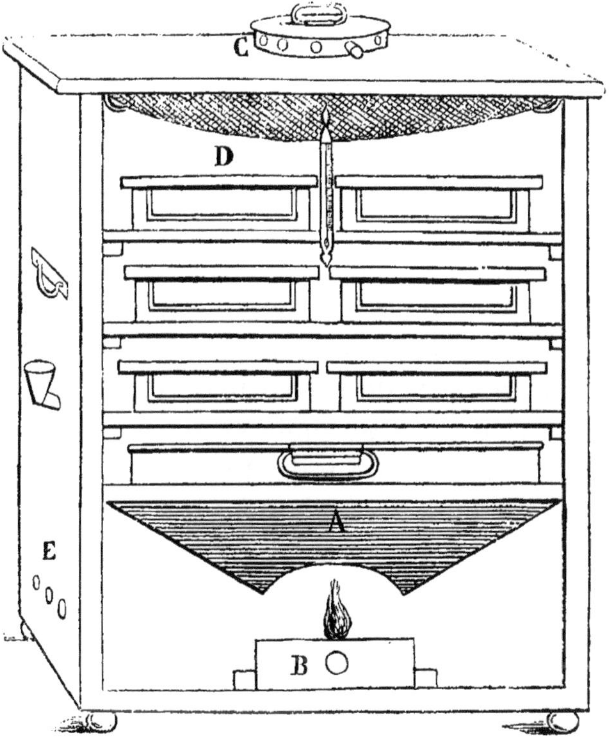

Fig. 3. Incubateur ou Couveuse pour faire éclore la graine (œufs) de Vers à soie.

nerons seulement, d'après l'auteur que nous venons de citer, la description d'une *couveuse* ou incubateur, qui peut convenir au petit magnanier.

Couveuse. — Le principe fondamental de la couveuse ou incubateur est de créer une atmosphère permanente, chaude et humide, dont le degré de chaleur puisse se régler à volonté.

Cette boîte (V. fig. 3), de 50 cent. de hauteur sur 38 de large et 20 de profondeur, peut servir à l'éclosion de 360 ou 480 gr. de graine; ses dimensions peuvent se réduire pour les éclosions moins considérables. — Elle est construite en bois blanc non peint. Le couvercle est à charnière et se ferme avec deux crochets. Trois rayons formés de cadres mobiles en bois, garnis d'un canevas en toile tendue, reçoivent chacun deux boîtes dans lesquelles se place la graine. Au-dessous, un bassin en fer-blanc, ayant 4 centimètres de profondeur, pour recevoir de l'eau, qui se verse par le petit entonnoir extérieur. Ce bassin pose sur l'orifice supérieur d'une sorte de trémie en planches minces A, dont l'orifice inférieur, plus étroit, reçoit la chaleur produite par la petite lampe. Cette lampe se place dans une boîte ouverte, en fer-blanc, B. Sur le couvercle de la couveuse est un orifice fermé d'un autre couvercle rond, en tôle ou fer-blanc, C, dont les trous peuvent se fermer avec des bouchons.

Les petites boîtes à graine sont en bois blanc; elles reçoivent une couche très-mince d'œufs bien régulièrement étendus, et ensuite maintenus par un petit cadre, D, de dimension bien juste avec l'intérieur, où il entre jusqu'au fond; ce cadre est garni d'un canevas assez large pour que les larves puissent passer à travers, lors de l'éclosion. C'est sur un canevas que se place la feuille donnée pour recueillir les larves; chaque petite boîte se recouvre avec un autre cadre garni de canevas assez fin pour que les larves ne puissent s'échapper; il doit fermer hermétiquement.

Sous le grand couvercle de la couveuse, on tend un filet pour recevoir une corde de coton, destinée à absorber l'eau qui peut se condenser à la partie supérieure de la boîte. Un thermomètre se place sous la vitre qui est devant le compartiment supérieur; il indique l'état de la température intérieure. Pour qu'il y ait rénovation de l'air, on perce trois petits trous, E, sur l'un des côtés de la couveuse, à la partie basse. La température s'élève ou s'abaisse en fermant ou en ouvrant un plus grand nombre de trous du petit couvercle supérieur, D, et en élevant ou en abaissant la mèche de la lampe.

2e PÉRIODE : 1er *âge*. — De l'éclosion à la première mue, cinq jours, sous une température de 22 à 24 degrés centigrades. En maintenant cette température pendant toute la durée de l'éducation, on arrivera à la montée en trente ou trente-trois jours. — La durée indiquée par chaque âge peut varier (V. fig. 4).

Mettre la température de l'atelier en harmonie avec celle de l'éclosion. — Le matin, quand les jeunes larves éclosent, poser quelques feuilles sur le petit cadre, à l'intérieur de la boîte. Quand les feuilles sont bien couvertes de larves, et jusqu'à dix ou onze heures du matin, on les enlève. Rejeter ce qui éclôt plus tardivement dans la journée ; donner des feuilles fraîches, coupées très-fin avec une lame bien effilée; ne couper qu'au moment de servir.

Pour le repas, se guider sur l'appétit des jeunes larves; ne point épargner la feuille pendant ce premier âge, qui en consomme peu, ne point la prodiguer non plus. Un ou deux délitements suffisent d'ordinaire pendant la durée du premier âge; observer très-attentivement les premiers symptômes du sommeil : la couleur de la peau change; le casque est très-petit et noir; les pattes articulées se relèvent presque parallèlement au corps; la tête se dresse. Ne donner

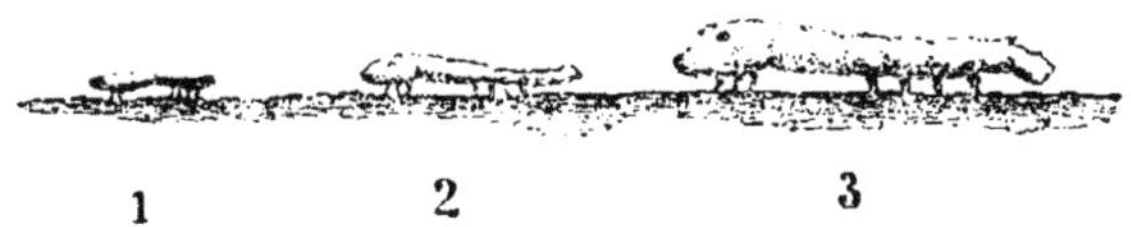

Fig. 4. Vers des trois premiers âges (grandeur naturelle.)

N° 1. Ver du 1er jour (1er jour du 1er âge).
N° 2. Ver du 6e jour (1er jour du 2e âge).
N° 3. Ver du 10e jour (1er jour du 3e âge).

alors que bien peu de feuilles, et très-légèrement; cesser toute distribution dès que la grande majorité est immobile et ne mange plus. Aérer et ventiler le mieux possible, et empêcher les rayons du soleil d'arriver jusqu'aux vers. Donner le premier repas à quatre ou cinq heures du matin et le dernier à onze heures du soir; ce dernier doit être très-abondant.

3e PÉRIODE : 2e *âge*.—Quatre jours de durée, dont un de mue; c'est l'âge le plus court. Ne point se hâter de donner le premier repas, au réveil. Attendre que la grande majorité des larves aient quitté leur peau, se soient bien raffermies, et cherchent l'aliment avec activité. Profiter des deux premiers repas pour déliter.

Le délitement est une opération qui consiste à enlever la litière des vers au moyen de papier percé, ou de filets (fig. 8), dont les mailles sont proportionnées à l'âge de ces vers.

Il faut déliter, en général, lorsque les litières sont épaisses, lorsqu'elles sont humides, lorsqu'elles exhalent une mauvaise odeur, et lorsqu'elles recèlent des cadavres. Déliter tous les jours, si on le peut.

Fig. 5. Ver du 15e jour (dernier jour du 3e âge.) Epoque de la 3e mue. Le ver reste immobile et semble dormir comme dans les autres mues.

4e PÉRIODE : 3e *âge*. — Six jours de durée, pendant lesquels il faut observer le même traitement que pour le deuxième âge. Il faut chercher la quantité de feuilles qu'il convient de donner à chaque repas : ni trop, pour qu'elles ne se perdent point, ni trop peu, pour éviter que les larves attendent. En donner souvent, s'il est possible, et par quantités plus petites. Déliter et dédoubler.

Le dédoublement est une opération par laquelle on divise et on espace les larves qui se gênent et se nuisent en prenant du volume. Lors de cette opération, surtout dans une petite éducation, on peut enlever à la main et jeter ce qui paraît petit, chétif, languissant, d'une mauvaise couleur.

5e PÉRIODE : 4e *âge*. — Six jours de durée, dont deux de mue. Couper encore la feuille, mais plus grosse; rejeter toujours, aux délitements, ce qui ne monte pas sur les feuilles ; veiller à ce que les larves ne soient pas entassées ; commencer, en vue de la graine, à former une petite *division d'élite*; prendre, parmi les larves qui ont éclos les premières, celles qui offrent une plus belle couleur, qui sont les plus actives, et de meilleur appétit. Pour ces larves, d'excellentes feuilles, de la feuille fraîche; les tenir bien à l'aise; les soigner par prédilection.

6e PÉRIODE : 5e *âge*. — Neuf à dix jours de durée, dont deux de mue. Monder encore la feuille; on peut ne plus la couper. Déliter très-soigneusement, et tous les jours. Dédoubler selon le besoin, ventiler le mieux possible et souvent. Accroître et soigner particulièrement la *division d'élite*; y porter toujours, en prenant dans la première division, ce qu'on trouve de plus beau et de plus sain. Donner une feuille excellente à ce petit troupeau, celle qui vient d'être cueillie, et qui n'a point passé par le magasin. Exclure ce qui n'aurait point répondu aux premières espérances. Tenir humide, en l'arrosant, l'endroit consacré à l'éducation des vers, surtout si le temps est très-sec. Ventiler si l'atmosphère est étouffante. Fournir les repas avec une sage abondance, surtout pendant la durée de la grande frèze. Observer attentivement la physionomie des larves; et, autant qu'on le peut, rejeter ce qui est chétif, mou, de couleur suspecte. Elever la température. Tenir prêt l'*encabanage*, et le poser dès qu'on remarque que les pattes membraneuses deviennent translucides, et que quelques larves ne mangent plus et se mettent à errer.

L'*encabanage* est l'ensemble des cabanes et accessoires convenables pour recevoir le ver qui veut filer son cocon. On se sert, pour construire les cabanes, de bruyères, de bouleau, de colza, et d'autres plantes rameuses. Chaque pays de magnanerie, chaque éducateur même a son mode d'encabanage ; c'est selon les plantes rameuses dont on peut disposer. Les grandes bruyères et le bouleau sont plus généralement

Fig. 6. Ver du 23e jour (1er jour du 5e âge).

employés que tout le reste. Voir la disposition d'une cabane de bruyère, fig. 9.

Il est un mode préférable d'encabaner, c'est-à-dire de disposer des boiseries pour la montée des vers, c'est le mode Davril, ainsi appelé du nom de son inventeur. Le système Davril, qui a été imaginé dans ces dernières années, est aussi supérieur aux anciens boisements, que les charrues perfectionnées de nos jours le sont aux instruments grossiers avec lesquels on soulève encore la terre dans certaines contrées. Il

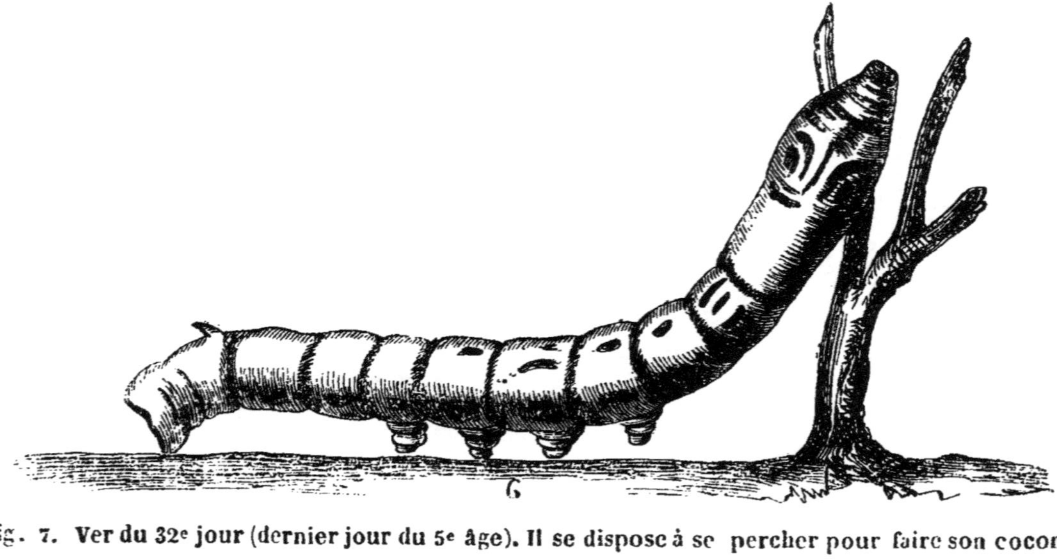

Fig. 7. Ver du 32e jour (dernier jour du 5e âge). Il se dispose à se percher pour faire son cocon.

se compose de claies et d'échelles faites avec de petites tringles de bois blanc : ces tringles n'ont que 15 millimètres de large sur 6 millim. d'épaisseur; on les cloue sur deux rangs, au moyen de trois petites traverses de dix millim. carrés, de manière à former des rainures triangulaires, larges de 5 centimètres ; cette mesure est bien importante, elle a été calculée sur l'espace qui est nécessaire aux vers pour faire leurs cocons. On conserve le bois brut et tel que la scie le donne, afin que les vers puissent bien s'y accrocher avec leurs pattes. La réunion d'un certain nombre de tringles forme le fond de la claie : on entoure ce fond de petites planches minces en bois blanc également brut, formant rebords. Les échelles, composées de la même manière, mais sans rebords, se suspendent aux claies lors de la montée (V. fig. 10).

L'exécution de ces claies est assez simple et assez facile; on peut très-bien les faire soi-même et à très-bon marché. La figure 10 montre une coconnière Davril dans ses parties essentielles.

Ce genre de boisement convient très-bien aux vers qui grimpent rapidement le long des échelles; beaucoup même s'y arrêtent et y font leur cocon; le plus grand nombre préfère les tringles des claies; une fois ar-

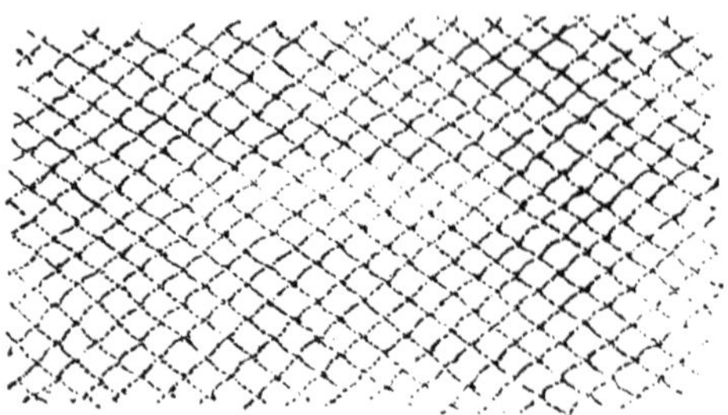

Fig. 8. Filet à l'aide duquel on lève et on déplace les vers.

rivés là, sans perte de temps et de soie, comme cela arrive dans les autres boise-

Fig. 9. Faisceaux de bruyère ou autres menus branchages disposés entre deux étages de vers, et dans lesquels ceux-ci grimpent pour filer leur cocon ou tombeau.

ments, les vers se mettent à filer et ne

pouvent pas faire de cocons doubles, parce qu'il n'y a de place que pour un seul cocon; ils ne risquent pas de tomber et de de-

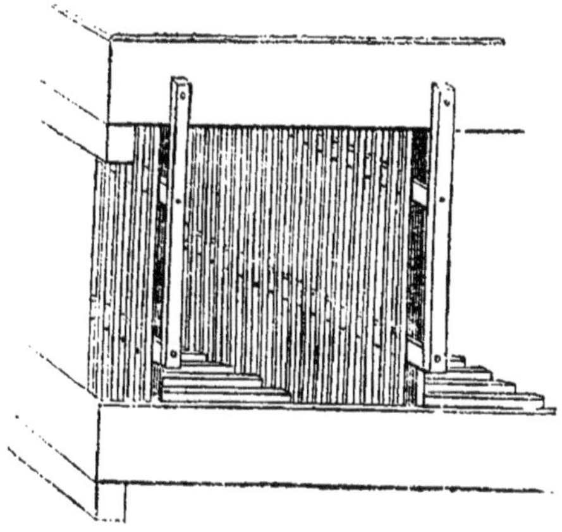

Fig. 10. Fragment de la coconnière Davril, remplaçant les faisceaux précédents.

venir courts. Des sériciculteurs prétendent que le rendement, comparé à celui des

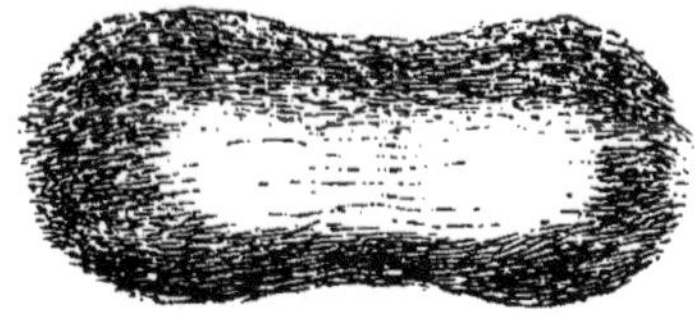

Fig. 11. Cocon ordinaire, blanc ou jaune.

autres systèmes, est de 20 pour 100 plus grand.

Au septième jour du cinquième âge, le ver a atteint son développement le plus

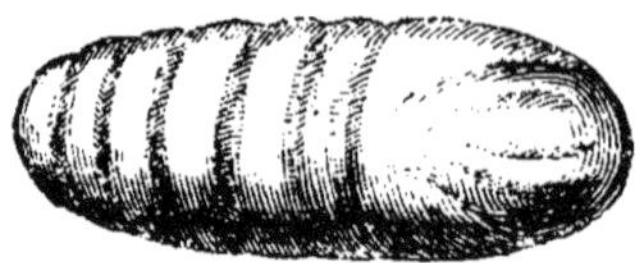

Fig. 12. Chrysalide ou ver transformé dans son tombeau. — 6e âge du Ver, état intermédiaire entre le ver et le papillon.

complet, son poids est alors de 5 grammes, ou 9,500 fois plus grand qu'au jour de sa

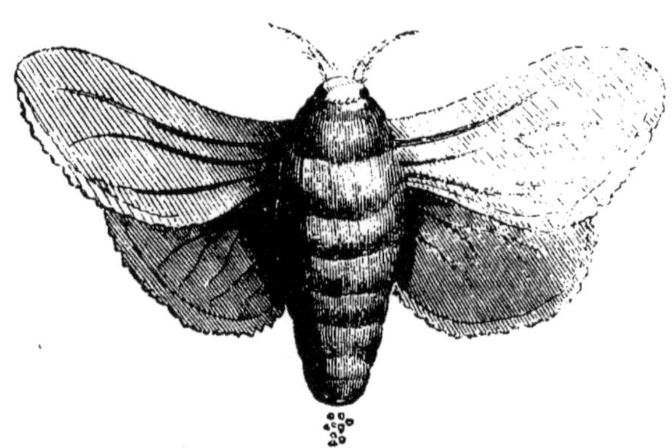

Fig. 13. Papillon femelle opérant la ponte des œufs ou graine. — Le mâle est un peu plus petit.

naissance, et sa longueur de 9 centimètres. Il commence à décroître le neuvième jour.

Montée. — La *montée* est le moment critique et décisif où les larves grimpent pour chercher un endroit commode, et filer. Ce moment dure environ vingt-quatre heures dans une éducation bien conduite et pour chaque série ; car il est bien clair que la série du troisième jour de l'éclosion ne monte pas le même jour que la série du premier jour. C'est un bien, fait remarquer M. Robinot ; car s'il fallait déliter et ramer tous les vers le même jour, on pourrait être débordé par un excès de travail.

Le lendemain de la montée de chaque série, enlever les retardataires, déliter et nettoyer complétement l'atelier.

7e PÉRIODE : *coconnage.*—Ne causer aucun ébranlement dans l'endroit où sont placés les vers pendant qu'ils filent. Maintenir soigneusement la température de l'éducation. Ne point déramer avant sept jours complets.

Déramage. — On appelle déramage l'opération par laquelle on enlève les cocons des bruyères ou d'une coconnière ; cette opération exige des précautions pour ne pas blesser les chrysalides (fig. 12), ce qui peut arriver quand on jette les cocons trop loin. Le ver à soie emploie environ trois jours à faire son cocon.

Déramer et mettre à part les cocons de la *division d'élite;* choisir les mieux faits, ceux dont la nuance est plus belle, dont le grain est fin et l'étoffe riche ; les mettre en chapelets avec précaution, ou les coller; les tenir enfin et constamment dans la température de l'éducation , jusqu'au papillonnage.

8e PÉRIODE : *la graine.*— C'est vers le mois de juillet, lorsque les travaux de l'éducation sont terminés, qu'on s'occupe de la graine. On sait que les chrysalides des cocons destinés à être vendus sont impitoyablement étouffées ; mais, avant de vendre la récolte ou de mettre en œuvre la soie, on choisit les plus beaux cocons, les mieux faits, de forme moyenne, ni trop gros, ni trop petits, d'un grain fin et serré, surtout bien durs aux extrémités. On prend de préférence ceux qui sont placés sur les tables les plus élevées ; car c'est toujours au plus haut que grimpent les vers les plus vigoureux.

Quand le choix des cocons de graine est fait, il faut, avons-nous dit, les mettre en chapelets, en faisant passer légèrement un fil dans l'enveloppe soyeuse, sans la percer. On suspend ensuite les chapelets de manière qu'ils soient isolés les uns des autres, et ne touchent pas aux murailles. Les cocons sont serrés en travers, les uns sur les autres, et les bouts restent parfaitement libres pour la sortie du papillon. Il faut entretenir dans la chambre une température de 18 à 20 degrés. C'est principalement le matin qu'a lieu l'éclosion des papillons, comme la plupart des métamorphoses du ver à soie. Il faut jeter ceux qui ne sont pas vigoureux, et ne conserver que ceux qui sont parfaits de formes et de vigueur.

Les mâles sont plus petits que les femelles et se font reconnaître par le battement de leurs ailes ; ils doivent être vifs et ardents. Les femelles doivent avoir le corselet long et développé; on ne doit pas conserver celles qui ont un gros ventre, qu'elles traînent péniblement. Tous, mâles et femelles, doivent avoir les antennes et les ailes bien développées, le corps garni d'un duvet fin, d'une couleur franche et égale.

Dès que les papillons sont nés, ils cherchent à s'accoupler : il ne faut pas faire servir plusieurs fois les mêmes mâles. On met avec soin les couples sur de grandes feuilles de papier. Au bout de cinq à six heures on les sépare délicatement et sans les blesser, puis on dépose les femelles sur une toile tendue, en ayant soin qu'il n'y ait dans la chambre qu'un demi-jour. La figure 15 montre une femelle dont les ailes sont tendues. Sous elle on aperçoit des œufs qui viennent d'être pondus.

Si les papillons avaient mal pondu et si on n'avait pas bonne opinion de la graine, il faudrait la jeter. Chaque femelle peut pondre de trois à quatre cents œufs. On compte environ cent cinquante femelles par demi-kilogr. de cocons, le nombre des mâles étant à peu près le même.

Dès que la graine commence à prendre une teinte violette, il faut la placer dans un linge, la descendre à la cave et la suspendre au plafond.

On conserve la graine de bien des façons. On a proposé des appareils très-ingénieux et excellents, mais qui sont hors de la portée des petites bourses. Le mieux, le plus économique serait, suivant un auteur, une boîte à rayons, construite absolument comme le *garde-manger* dans lequel les ménagères mettent la viande de boucherie à l'abri des mouches. Chaque face est un cadre garni de toile claire, au travers de laquelle l'air peut circuler. Le tout se suspend à l'aide d'une poulie, dans une cave fraîche et sèche, deux conditions indispensables. Tous les quinze jours, tous les mois au moins, on visite les toiles posées à plat sur les rayons. On les expose à l'air si besoin en est. Les moisissures et les insectes ne sont pas à craindre.

III.

VER A SOIE DU RICIN, DU CHÊNE, ETC.

Dans l'Inde, on cultive plusieurs espèces de vers à soie qui se nourrissent de feuilles de différentes plantes. Depuis quelques années, depuis surtout que le ver à soie du mûrier est atteint de la gattine, on a cherché à introduire et à acclimater en Europe quelques-unes de ces espèces les plus rustiques, parmi lesquelles se trouvent le ver à soie du ricin, celui du frêne, celui du chêne, etc., qui prospèrent en Chine, d'où nous vient également le ver à soie que nous cultivons en grand.

Bien qu'on ne puisse encore se prononcer sur les avantages qu'offrent ces nouvelles espèces, il ne convient pas moins de connaître la manière de les élever. Nous nous arrêterons principalement au ver à soie du ricin, sur l'éducation duquel un sériciculteur italien distingué, M. Griseri, a écrit une notice, traduite par M. de Frarière, que nous allons reproduire en partie.

Ver à soie du ricin. — Les feuilles du ricin se développant plus tard que celles du mûrier, c'est plus tardivement qu'il faut commencer l'éducation du *bombyx cynthia.*

Le ricin (*palma christi*) est, comme on le sait, une plante originaire de l'Inde, où elle s'élève de 5 à 8 mètres et forme un arbrisseau, tandis que dans notre climat elle ne s'élève guère au-dessus de 2 mètres, et ne mûrit pas ses graines, si ce n'est tout à fait dans le Midi et en Algérie, d'où nous tirons les semences. Dans notre latitude tempérée, sa culture ressemble beaucoup à celle du haricot. On sème vers la fin d'avril et le commencement de mai. Chaque pied est à une distance de 50 ou 60 centimètres. Dans le Midi, on sème plus tôt, et la distance des pieds doit être plus grande. En France, le ricin n'est qu'annuel, tandis qu'en Afrique et dans l'Inde, il est vivace et forme un arbrisseau.

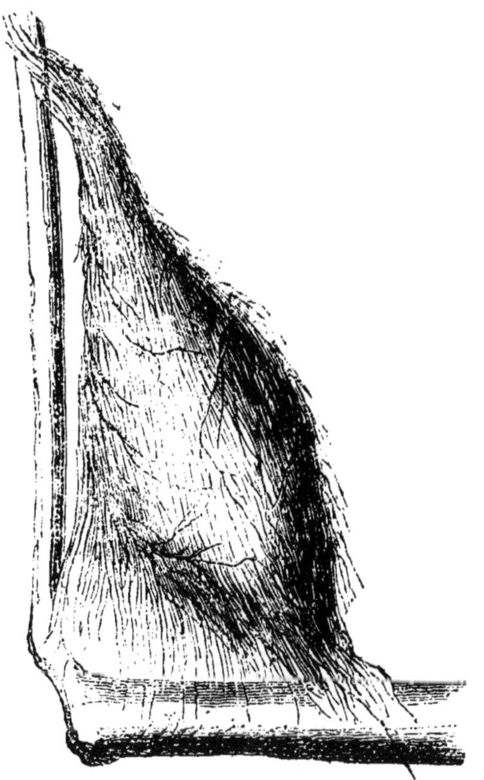

Fig. 14. Cocon du ver à soie du ricin.

Eclosion. — On maintient les œufs à une température de 18 à 20 degrés Réaumur

(25 centigr.), et lorsque l'éclosion a lieu, on place quelques parcelles de feuilles de ricin sur les œufs. Dès qu'elles sont chargées de jeunes vers, on les transporte sur un papier étendu sur une claie. Tous ceux qui éclosent le même jour doivent, comme les vers à soie de l'espèce qui se nourrit de feuilles de mûrier, être mis ensemble, et ne forment qu'une même famille.

Le lendemain de bonne heure, on recommence la même opération; cette éclosion doit être également soignée et disposée comme on le fait pour la première. — Les jours suivants, on procédera de même, formant autant de familles ou catégories qu'il y aura de jours d'éclosion.

Repas. — Le nombre des repas doit être de cinq pendant les quatre premiers âges. Le premier sera distribué de quatre à six heures du matin; le second entre neuf et dix heures; le troisième entre une et deux; le quatrième de cinq à six, et enfin le cinquième de dix à onze heures du soir.

Il est indispensable d'observer scrupuleusement ces préceptes, car ces vers, quoique réunis en société, se dispersent dès qu'on retarde trop l'heure du repas et qu'ils manquent de nourriture.

Pendant le cinquième âge, il n'y a plus de règle possible : on leur administre la feuille au fur et à mesure de la consommation. C'est alors qu'il faut redoubler de soins pour ne pas les exposer à jeûner.

La feuille du ricin se fane promptement ; on doit donc avoir l'attention de la couper pour tous les âges, autrement on risquerait de perdre bien des vers qui mourraient étouffés dans les feuilles. D'ailleurs, elles sont par leur nature même faciles à se corrompre ; c'est donc une précaution qu'il ne faut pas négliger.

On les coupera donc en bandes étroites pour le premier âge, soit avec des ciseaux, une demi-lune ou un couteau, exactement comme on le fait pour la salade à la chicorée. On l'administre plus grossièrement taillée au fur et à mesure de la croissance des vers. L'expérience apprendra bientôt comment on doit procéder.

Température. — Il convient de tenir la température toujours égale, à 18 degrés Réaumur environ. Cependant il n'y aurait aucun inconvénient à la laisser tomber à 16 degrés; l'éducation serait seulement retardée.

Mue. — Ces vers à soie sont sujets à

quatre mues ainsi que les autres, et leur éducation dure à peu près le même espace de temps. A compter du jour de l'éclosion jusqu'à celui de la montée, ils emploient trente jours à peu près ; durée qui peut être subordonnée à la température plus ou moins élevée. Le troisième âge est celui dont la durée est la plus brève, puisque le ver ne reste sous cette peau que trois jours environ.

La couleur du ver à sa naissance est d'un jaunâtre obscur ; il a la tête noire et ses douze anneaux ornés d'épines et de poils noirs en guise de panache ; mais, à mesure qu'il grandit, sa couleur devient plus claire, les épines noires font place à d'autres presque blanches, et pendant les deux derniers âges il prend une teinte blanche azurée.

A l'approche de chaque mue, les vers se rangent en peloton, serrés en ligne comme des soldats, et se dépouillent de leur vieille peau. Leur tête alors est d'un blanc gélatineux, mais elle ne tarde pas à reprendre sa couleur noire ; néanmoins, durant les deux derniers âges, elle conserve sa nuance blanchâtre azurée.

Nourriture. — Lorsqu'il s'agit de transporter la feuille du ricin, il est bien de la mettre dans des boîtes de bois mince ; de cette manière on peut la conserver plus longtemps que si on la laissait exposée à l'air ; mais lorsqu'elle vient à se faner, il faut étaler chaque feuille sur l'eau, et, en moins de deux heures, elle reprend sa fraîcheur.

Cocons.— La maturité du ver se reconnaît à sa transparence ; il se raccourcit et tend alors à faire son cocon. Cependant il monte difficilement, préférant le faire sur les feuilles mêmes du ricin où il se trouve. Il est donc important de tenir les vers sur une claie, une natte ou tout autre objet de semblable nature maintenu dans un état parfait de propreté ; on peut alors laisser les vers qui ne veulent pas monter libres de faire leurs cocons sur les feuilles mêmes où ils se trouvent placés. On introduit ceux qui sont d'une humeur trop vagabonde dans de petits cartons ou cornets de papier, ils y fileront à merveille. — Une fois que le ver est renfermé dans son cocon, il se passe cinq ou six jours avant qu'il se soit métamorphosé en chrysalide. On doit attendre une dizaine de jours avant de détacher les cocons. On les dépose alors dans de grands cartons dont le couvercle doit être de gaze verte ou bleue, afin que l'air puisse librement circuler; c'est dans cet état qu'on attend patiemment la sortie des magnifiques papillons, qui ressemblent aux belles espèces connues vulgairement sous le nom de paons (*fig.* 15).

Accouplement. — Aussitôt que les papillons du *bombyx cynthia*, beaucoup plus grands que ceux du mûrier, sont accouplés, on les saisit délicatement au moyen d'une pince, et on les transporte dans une autre boîte de la même dimension que celle dont nous avons parlé pour les chrysalides, dans laquelle on aura placé une grande feuille de papier bleu. Les mâles ou femelles, en nombre excédant, qui n'auraient pas trouvé à s'accoupler, seront enlevés et placés dans une autre boîte à part, et réservés pour les accouplements du lendemain.

Les papillons du ver à soie du ricin restent accouplés pendant plusieurs jours, jusqu'à dix quelquefois; l'expérience a démontré qu'il ne fallait pas les désunir trop tôt, ni les laisser ainsi à leur volonté, car ils meurent souvent dans cet état. Il faut donc les laisser quatre ou cinq jours unis, et après ce temps il convient de les séparer. On mettra les femelles dans de grandes boîtes disposées comme il a été dit ci-dessus, c'est-à-dire recouvertes d'une gaze bleue ou verte, et l'intérieur revêtu d'une grande feuille volante de papier bleu. C'est sur cette feuille que la femelle déposera ses œufs en tas réguliers, ayant la forme d'une pyramide. On met à part, pour les utiliser au besoin, les mâles qui ont déjà servi. Lorsqu'on ouvre la boîte le soir, il faut le faire avec beaucoup de précaution, parce qu'ils s'envolent comme des oiseaux et qu'il devient ensuite fort difficile de les rattraper.

Fin de l'éducation. — L'éducation se termine ainsi avec la ponte. Il est ensuite nécessaire de bien surveiller la semence ; il faut la visiter journellement, car en moins de vingt jours les œufs sont tous éclos, et on peut procéder à une nouvelle éducation. C'est pourquoi il sera prudent de semer du ricin à différentes époques de l'année, afin de ne pas manquer de feuilles pour les éducations successives.

Si l'on voulait s'épargner la peine d'élever les vers, on pourrait disposer les premières feuilles chargées de jeunes vers sur la plante même du ricin, et l'éducation marcherait d'elle-même à ciel découvert; mais il faudrait alors faire une chasse active aux fourmis, aux araignées, aux oiseaux et aux diverses espèces de souris, qui toutes sont friandes de ces insectes. Du reste, les vers à soie du ricin supportent parfaitement les intempéries de l'air, et ni eux ni leurs cocons ne souffrent des pluies, quelque fortes qu'elles soient, ni du vent, ni des orages. Les rayons brûlants du soleil ne les incommodent même point, mais la grêle pourrait les détruire, ainsi que la plante.

Si l'on désirait en élever pour son agrément dans de faibles proportions, on pourrait en mettre sur des plantes de ricin tenues dans des vases à fleurs. En mettant une ou deux chenilles sur chaque feuille, on obtiendrait des cocons sur la plante même.

Nous renvoyons à l'éducation du ver à soie du mûrier pour les âges des vers et les autres points qui ne sont pas suffisamment expliqués ici. Nous ajouterons que des essais ont été faits pour nourrir ce ver à soie très-rustique avec des feuilles de saule, de salade et de chêne : ces essais ont parfaitement réussi. Les vers ont filé leur cocon comme avec les feuilles du ricin ; seulement ils ont consommé plus de feuilles de laitue que de feuilles de saule, attendu que celles-ci sont moins aqueuses, plus substantielles, plus nourrissantes.

Nous devons dire enfin que le désagrément du ver à soie du ricin, c'est que son cocon ne se dévide pas aussi bien que celui du ver à soie du mûrier. Le fil en est assez souvent rompu de distance en distance. Mais son éducation facile compense le désagrément. Reste à apprécier la valeur des produits au point de vue des bénéfices nets.

Ver à soie du chêne.—Le ver à soie du chêne est, dit-on, encore plus rustique que celui du ricin. En Chine, ce bombyx vit à l'état sauvage dans les forêts, où il se nourrit de la feuille d'une espèce de chêne qu'on nous a apportée dernièrement en France, en même temps que quelques graines de ce ver à soie, dont l'éducation est encore plus facile, paraît-il, que celle du verre à soie du ricin. Son cocon est plus volumineux que celui du ver à soie du mûrier, et sa soie a quelque analogie avec celle du ver à soie du ricin. On a pu voir, à l'Exposition universelle de 1855, des cocons et de la soie ouvrée provenant d'éducations de ce bombyx essayées à Paris.

Le ver à soie du chêne serait le plus avantageux s'il s'acclimatait en France. La Société zoologique tente pour le moment cette acclimatation, et tout fait espérer que ses essais seront couronnés de succès.

Nous ne parlerons pas du ver à soie du frêne, ni de celui nouvellement signalé de la Californie, qui ne nous sont encore connus que de nom.

IV.

MALADIES ET ENNEMIS DU VER A SOIE.

Les vers à soie sont sujets à un assez grand nombre de maladies, qui proviennent presque toutes de l'imperfection de la graine, de la manière de les faire éclore, des mauvais soins qu'on apporte à leur éducation. Celle qu'on appelle le *rouge* commence au moment où le ver sort de l'œuf : quelquefois il vit languissant jusqu'au moment de faire sa coque, qu'il fait tant bien que mal ; mais il ne se change point en nymphe. Cette maladie provient de la trop grande chaleur que les œufs ont éprouvée pendant l'incubation, ou du passage subit du froid au chaud. Lorsque la plupart des vers sont atteints de cette maladie, le meilleur parti est de les jeter et de recommencer une autre couvée.

On désigne les autres affections du ver à soie par les termes suivants : les *vaches* ou *gras* ou *jaunes* ; les *morts blancs* ou *tripés* ; la *luzette, luisette* ou *clairette* ; la *muscardine* ; la *gattine*.

Les *vaches*. — La tête du ver est enflée ; la peau qui recouvre ses anneaux est luisante comme un vernis ; les anneaux sont gonflés ; le ver donne une eau jaune. Cette maladie vient de ce que l'air n'a pas été renouvelé dans l'atelier, ou de la vapeur qui s'exhale de la litière que l'on a laissée trop entassée sans l'enlever. Donnez donc de l'air, tenez vos vers proprement, et vous éviterez cette maladie ; mais si vous trouvez quelques vers qui en soient attaqués, jetez-les promptement, sans quoi ils infecteraient les autres. Cette affection se déclare communément à la seconde mue.

Les *morts blancs* ou *tripés*. — Il se trouve

quelquefois des vers morts qui paraissent aussi frais que ceux qui sont en vie. On prétend que cette mort subite est causée par l'air méphitique provenant de la litière. En donnant des feuilles fraîches aux vers, en les nettoyant souvent, en ne laissant pas accumuler leur litière, en les entretenant dans un air suffisamment chaud et souvent renouvelé, on évite cette affection et la plupart des autres. Les *tripés* ne se manifestent qu'au cinquième âge.

La *luzette*, *luisette* ou *clairette*.— La couleur du ver devient d'un rouge clair, puis d'un blanc sale; il laisse tomber par les filières une goutte d'eau gluante, et son corps est transparent. Il faut jeter ces vers comme inutiles. Cependant si, après la quatrième mue, on trouve des *luzettes* disposées à faire leurs cocons, on peut les faire cabaner. Les luzettes apparaissent plus particulièrement à la première et à la deuxième mue.

La *muscardine*. — La muscardine est une des maladies les plus terribles qui affectent les vers à soie. Lorsqu'elle est entrée dans une chambrée, elle n'épargne souvent pas un seul ver. Cette affection, qui attaque les vers à tout âge et plus particulièrement au dernier, cause une perte annuelle que l'on évalue à vingt millions de francs. On n'est pas bien d'accord sur les causes de la muscardine; les uns l'attribuent à un champignon qui croîtrait dans le ver et l'absorberait; les autres à une mauvaise aération, à la fermentation des déjections et des litières, au défaut de transpiration, en un mot, à la cause principale des autres affections, à une mauvaise éducation. Quoi qu'il en soit, les moyens les plus efficaces d'atténuer les conséquences fatales de cette maladie sont: une excellente graine, une habile éclosion, des soins délicats, une feuille fraîche et substantielle, une propreté parfaite, une aération convenable.

On reconnaît qu'une larve vient de périr de la muscardine à la teinte rosée dont le cadavre se colore en vingt ou vingt-quatre heures; il commence à blanchir vingt-quatre heures plus tard. Aussitôt qu'on s'aperçoit qu'une larve vient de périr de cette maladie, il faut se hâter de l'enlever et de la jeter au feu. Il est bon également de brûler ou d'enfouir la litière sur laquelle a reposé ce ver. Mais quelquefois le ver à soie atteint de la muscardine n'est frappé de mort qu'au moment où, monté et caché dans les bruyères, il attache ses premiers fils ; c'est alors à l'état de chrysalide qu'il périt muscardiné. Dans ce cas, on l'appelle *dragée*.

La *gattine* ou les *petits*. — Depuis quelques années, les graines faites en France réussissent généralement mal et donnent des éducations plus ou moins atteintes de la maladie des *petits*, qui a reçu des Italiens le nom de *gattine*. Cette maladie, selon M. Guérin-Méneville, paraît provenir en partie de l'état de souffrance des mûriers atteints par l'épidémie qui sévit sur presque tous les végétaux, et peut-être aussi des habitudes d'éducations hâtives, à l'aide du feu, qui se sont introduites depuis quelques années. La propagation en France de cette espèce d'épizootie paraît avoir procédé de la même manière que celle de la maladie des vignes, c'est-à-dire du midi au nord. Pour éviter les véritables désastres que cause cette affection, les éducateurs se sont adressés à l'Italie pour une graine plus saine. Mais malheureusement l'Italie elle-même a été depuis peu atteinte de l'épidémie. Ce qu'il nous reste à faire, c'est d'essayer de régénérer la graine de nos bonnes espèces ; d'un autre côté, il est probable que l'affection qui atteint les végétaux disparaîtra sous peu.

Ennemis des vers à soie. — Par ennemis des vers à soie, il faut entendre les quelques animaux qui les détruisent, et les causes qui nuisent à leur éducation. Les *fourmis* sont des ennemies fort à craindre pour les vers à soie ; elles parviennent à les détruire, même quand ils sont gros, si l'on n'y met bon ordre. Il faut en conséquence les veiller et les chasser. Les *rats* et les *souris* sont très-friands de vers à soie et surtout de chrysalides. Ils s'introduisent quelquefois dans les tas de cocons, et de manière à ne pas laisser soupçonner leur présence. Ils percent alors les cocons les uns après les autres, sans en oublier un seul, pour dévorer les chrysalides qu'ils contiennent. On ne saurait mettre trop de soin à éviter un pareil dégât.

Les causes nuisibles à l'éducation des vers sont, outre les mauvais soins, les *odeurs*, qui peuvent exercer une grande influence sur eux. Lorsqu'elles sont dues à des vapeurs dangereuses, on doit les éviter avec le plus grand soin. Les *touffes* sont considérées avec raison comme un danger imminent pour les vers à soie. On appelle *touffe* cet état particulier de l'atmosphère qui précède quelquefois les orages. Il règne dans l'air un calme plat ; la chaleur est étouffante ; on sue à grosses gouttes ; les hommes et les animaux sont harassés; les plantes se fanent. Si l'on ne porte pas un prompt remède à ce fâcheux état de choses, l'existence de tous les vers peut être compromise. Quand la touffe est sèche, il faut se hâter d'arroser le plancher de la magnanerie avec de l'eau fraîche et donner des repas de feuilles mouillées. Quand la touffe est humide, il ne faut pas craindre d'allumer le feu du calorifère ou des poêles, quelle que soit la chaleur, afin de rendre l'air desséchant. Dans l'un et l'autre cas, il faut employer tous les moyens possibles pour établir des courants d'air dans la chambre éducationnelle. Nous n'avons pas besoin de répéter que l'humidité et la sécheresse trop prononcées sont également nuisibles aux vers.

On se sert de l'*hygromètre* pour apprécier l'humidité de l'air ; celui à cheveu est le meilleur. On se sert du *thermomètre* pour apprécier la chaleur de la température convenable aux différents âges des vers ;

celui que M. Guérin-Méneville a imaginé est le plus ingénieux ; il est intercalé dans un tableau indicatif, et ne coûte que 1 fr. 75 c. (librairie agricole de M. A. Goin, à Paris).

V.

FILATURE DE LA SOIE. — DÉVIDAGE DES COCONS.

Nous avons vu qu'après avoir édifié son cocon, le ver à soie se transformait en chrysalide, et celle-ci en papillon. Il ne faut pas attendre que la chrysalide soit transformée en papillon et ait percé le cocon, car les cocons percés ne peuvent plus être filés en soie grége. Il importe donc de prévenir le percement. On y parvient en tuant les chrysalides dans l'intérieur même du cocon : c'est l'étouffement.

Il y a plusieurs manières d'étouffer les chrysalides. Dans quelques pays chauds, on les expose à l'action d'un soleil ardent, que leur délicatesse ne peut supporter. Mais le soleil agit en même temps sur la soie, et l'altère ; quelques minutes suffisent pour décolorer les plus beaux cocons jaunes et leur donner une teinte sale et disgracieuse. Dans d'autres pays, on les soumet à la chaleur du four quand le pain en est retiré. Si la chaleur qui reste ne roussit pas un morceau de papier ou une barbe de plume qu'on y jette, on enfourne sur des claies ou dans des corbeilles : c'est ce qu'on appelle le *fournoiement*. Cette méthode dessèche la soie et altère toujours plus ou moins sa qualité. En faisant passer les cocons dans un courant d'air chaud, 70 à 80 degrés, on évite ces inconvénients, pourvu que l'opération soit faite avec habileté. On emploie aussi la vapeur de l'eau bouillante. On suspend les cocons dans un tonneau percé, que l'on place sur une chaudière en ébullition. Au bout de quelques minutes, les chrysalides meurent ; mais les cocons sont mouillés, et il faut les faire sécher. La soie est aussi quelque peu altérée par ce procédé d'étouffement.

Quelque méthode que l'on emploie, les cocons étouffés se dessèchent et perdent beaucoup de leur poids : environ 75 pour 100. Pour conserver les cocons étouffés, on les étale sur les tables de la magnanerie, ou sur des tables semblables, dans un local spécial appelé *coconnière.* Là on doit les remuer de temps en temps et surtout veiller à ce que les souris et les rats ne les endommagent pas.

Filature ou *tirage de la soie.* — La filature de la soie a pour objet le dévidage du fil simple dont les cocons sont composés et sa conversion en un fil propre aux usages industriels, appelé *soie grége.* La filature de la soie se divise donc en deux parties : la première comprend l'extraction ou le dévidage du simple fil ; la seconde, la réunion de plusieurs fils pour former ce que l'on appelle la soie grége : c'est la filature proprement dite. Ces différentes opérations sont simples en apparence, mais difficiles et délicates en réalité. Il faut un long apprentissage, de l'expérience, une attention scrupuleuse et continue, et par-dessus tout, une adroite souplesse de doigts, qui ne se trouve guère que chez des femmes, et encore toutes ne la possèdent pas au même degré. Il est admis que la bonne fileuse fait la bonne soie.

Le cocon peut être considéré comme une petite pelote de soie creuse, formée d'un seul fil. Dans cette pelote, le fil de soie est collé sur lui-même au moyen d'une matière dont il est couvert. Cette matière, appelée *gomme*, et plus exactement *grès*, forme sur le fil un enduit qui l'enveloppe dans toutes ses parties comme un vernis. Le grès se ramollit difficilement dans l'eau froide. Dans l'eau chaude, au contraire, il se ramollit promptement, et le brin de soie peut être dévidé sans se rompre. Il faut donc avoir recours à l'eau chaude pour dévider la soie.

La fileuse s'établit devant une sorte de métier qu'on nomme *tour* (*fig.* 16). Elle a sous la main une bassine d'eau qu'elle chauffe à volonté au moyen d'un jet de vapeur ou d'un robinet d'eau bouillante. Elle plonge une certaine quantité de cocons dans cette eau chaude à 80 ou 90 degrés centigrades; elle les agite avec une sorte d'écumoire pour les humecter et faire détacher le brin de soie. Ce brin se détache au moyen d'une opération qu'on appelle *battage*, opération qui consiste à frapper les cocons d'une main légère avec un petit balai de bouleau ou de chiendent dont les brindilles sont, autant que possible, de la même longueur. La pointe de chaque brindille ne doit pas être très-nettement coupée, pour qu'elle puisse *mordre* sur les cocons et retenir les fils qui s'y accrochent. L'ouvrière peut alors élever la main droite qui tient le petit balai, auquel pendent maintenant tous les cocons, saisir le faisceau de fils avec la main gauche, et secouer ces fils jusqu'à ce qu'elle s'aperçoive que tous sont fins et propres à l'association qu'elle va établir entre eux. L'eau doit alors être amenée à la température de 50 à 60 degrés.

Cette association comprend la deuxième partie de la filature de la soie. Dès que la fileuse a à sa disposition un certain nombre de brins de soie simple, elle se dispose à en faire de la soie grége. Pour cela, elle en réunit plusieurs, trois au moins, plus souvent quatre, cinq et même six. Ces six brins réunis formeront un fil de soie grége. Mais il ne suffirait pas seulement de les réunir entre ses doigts et de les porter ainsi sur un *dévidoir* ou *guindre*, sur lequel ils formeraient un écheveau. Ces brins ne seraient pas adhérents les uns aux autres; ils formeraient ce qu'on appelle du *mort-volant*. Il faut donc les souder en profitant de la nature agglutinative du *grès* qui les recouvre. On y parvient en exerçant sur ces brins tout humides une *compression* qui les réunit en un seul fil. Cet effet s'obtient au moyen de la *croisure*, qui n'est autre chose qu'un *enroulement* de deux fils de soie complexes l'un sur l'autre, enroulement qui les comprime et les façonne. Cet enroulement est représenté en C, dans la fig. 16 ci-dessus. On y voit les cocons d'où partent les fils simples ; puis en FF ce qu'on appelle les *filières*. Les filières peuvent être de petits disques, grands comme des boutons d'habit à peu près, en agate, en verre, ou même en fer, percés dans leur centre d'un trou extrêmement fin. En passant par ce trou, les brins de soie éprouvent déjà une première agglutination. La finesse des trous s'oppose aussi au passage des parties grossières qui pourraient monter avec le fil. La croisure peut se faire à la main ; mais dans ce cas elle est irrégulière.

Nous n'entrerons pas dans les détails d'un tour complet, ni ne nous occuperons de son appendice particulier, qu'on appelle *brise-mariage* ou *porte-bout*. Nous avons mis la fileuse en train ; les cocons, placés à sa droite et à sa gauche, se dévident avec célérité et seront bientôt épuisés. Mais à ce moment, notre fileuse attentive, qui a près d'elle une poignée de cocons battus, détache adroitement le fil d'un de ces cocons, dont elle présente le bout à celle des deux filières FF qui en a besoin. Elle a soin d'entretenir ainsi de chaque côté les trois, quatre, cinq ou six cocons qui doivent former la soie grège.

Dans les tours peu étendus, le mouvement est imprimé par une *tourneuse*, qui tourne la manivelle. Quelquefois la fileuse est sa tourneuse. Dans les grandes filatures, le mouvement est donné par un *moteur général*, roue hydraulique ou machine à vapeur qui fait marcher tous les tours avec régularité.

Les *dévidoirs* ou *guindres* doivent faire environ cent cinquante tours par minute; pour obtenir ce résultat, la tourneuse doit faire agir la manivelle avec une vitesse de quarante tours environ par minute.

Echeveaux ou *flottes*. — Il se forme à la fois deux écheveaux de soie sur les guindres : l'un à droite et l'autre à gauche. La quantité qu'en fait chaque fileuse dépend du temps qu'elle file et de la grosseur de la soie. Chaque écheveau doit peser environ 60 grammes.

En général, on file à quatre, cinq ou six

cocons ; mais comme il est très-difficile d'entretenir rigoureusement ce nombre fixe, on dit qu'on file à quatre-cinq cocons, à cinq-six cocons. Il y a une raison pour agir ainsi. L'expérience a démontré que la soie qui forme la surface du cocon est plus grosse que celle qui se trouve en dessous, de telle sorte que la soie devient plus fine à mesure que le cocon se dévide. On conçoit dès lors qu'un fil commencé et fini avec six cocons neufs serait gros dans la première partie et fin dans la dernière. Pour remédier à cet inconvénient, on commence, par exemple, avec cinq cocons, et quand ils sont dévidés à moitié, on ajoute un sixième cocon. On a donc soin d'entretenir environ moitié en cocons commençants et moitié en cocons finissants ; c'est là ce qu'on appelle filer à cinq-six cocons.

Choix et qualités des soies. — Si l'on veut obtenir des soies très-blanches, de belles soies *gréges*, il faut choisir avec soin les cocons blancs de la plus belle teinte et mettre de côté tous les cocons tachés. Il n'est pas indifférent non plus de filer ensemble de petits et de gros cocons ; on doit filer à part ce qu'on appelle les *satinés* : ce sont des cocons dont le tissu est lâche et comme cotonneux. Les *cocons doubles* sont aussi séparés avec soin ; on en fait une soie grossière appelée *doupion*. Le doupion est employé à faire de la soie à coudre, de la rondelette pour les franges, de la grenadine pour les dentelles communes.

Bourre de soie. — On distingue deux sortes de bourres de soie : le produit des cocons qui n'ont pas été étouffés et que la phalène a percés pour déposer ses œufs ; la soie de ces cocons ne saurait être tirée, parce que le trou a coupé tous les brins. Ces cocons sont cardés ; la soie est ensuite filée et forme la *fantaisie*. Ce déchet est celui du filateur. La seconde espèce de bourre de soie est produite par les déchets du moulinage, qui sont aussi cardés et filés, et forment une fantaisie à part.

VI.

PRÉPARATIONS ET USAGES DE LA SOIE.

Après avoir été filée, la soie reçoit différentes préparations pour être mise en œuvre ou en *ouvraison*. L'ouvraison est pratiquée par les *mouliniers*, dans des établissements quelquefois considérables, qui prennent aussi le nom de *fabriques de soie*.

La plus simple de ces opérations est le *dévidage*. Pour l'opérer, on prend les écheveaux tels qu'ils sortent des mains du filateur ; on les déploie sur des *tavelles*, espèces de dévidoirs très-légers, et l'on fait passer la soie, tantôt sur de grosses bobines, tantôt sur d'autres dévidoirs plus petits. Dans le *dévidage*, on *purge* la soie, c'est-à-dire qu'on enlève avec un soin extrême toutes les parties défectueuses qu'elle peut contenir ; de plus, on renoue les bouts cassés.

On apprête la soie pour deux usages principaux : pour la *trame* et pour la *chaîne*. Les soies pour chaîne prennent le nom d'*organsins*. Apprêtées pour chaîne ou pour trame, on les appelle *soies ouvrées*, *soies écrues* ou *soies crues*, par opposition aux *soies cuites*. Les *soies cuites* sont celles qui ont été soumises à une opération qui s'appelle *cuisson* ou *cuite*. Nous avons vu que le fil de soie est recouvert dans toute sa longueur par une espèce de vernis appelé grès. Ce grès peut être enlevé à la soie par des eaux savonneuses ou alcalines, dans lesquelles on fait bouillir la soie pendant un certain temps. La soie perd dans cette opération environ le quart de son poids et prend le nom de *soie cuite* ; c'est avec elle que l'on fait ces étoffes d'une douceur et d'une souplesse incomparables : le satin, la peluche, le velours.

On ne peut soumettre à l'opération de la cuisson que des soies doublées et tordues, c'est-à-dire ouvrées. Si l'on voulait cuire des soies gréges, il ne serait plus possible de les dévider pour les employer au tissage. Cependant on est parvenu à *assouplir* jusqu'à un certain point des soies gréges ou ouvrées sans les cuire, en évitant, en partie au moins, la perte de 25 pour 100 que fait éprouver la cuisson.

L'opération la plus importante que subit encore la soie avant d'être tissée, c'est la teinture. De nature animale, comme la laine, la corne, les cheveux, la soie est susceptible de prendre les couleurs les plus fines, les plus délicates, les plus éclatantes. Il n'est pas inutile de savoir que certaines couleurs, le noir, par exemple, peuvent augmenter considérablement le poids de la soie. On peut doubler ce poids dans la teinture en noir. Ce fait peut expliquer le bon marché de certaines étoffes.

Tissage. — Nous n'entrerons pas dans les détails de l'opération manuelle du tissage, notre cadre ne nous le permettant pas. Nous dirons seulement que c'est une des industries les plus précieuses de quelques villes de France, telles que Lyon, Avignon, Nîmes, Grenoble, Paris, Lille, etc. On sait que les tissus en soie fabriqués à Lyon n'ont point de rivaux.

La France produit pour plus de 150 millions de soies par an. Elle en reçoit pour plus de 100 millions de l'étranger, qu'elle réexporte préparées. Nos fabriques exportent en moyenne pour 150 millions d'étoffes de soie de toutes sortes.

TABLE DES MATIÈRES.

Mûriers et Vers à soie.................. 7

I.

Culture du mûrier.— Espèces les plus avantageuses. — Plantation et taille du mûrier. — Cueillette des feuilles........... 8

II.

Education du ver à soie. — Histoire naturelle.— OEuf. — Incubation. — Graine. — Mues. — Ages.— Montée.— Coconnage. — Déramage.......................... 22

III.

Ver à soie du ricin, du chêne, etc........ 46

IV.

Maladies et ennemis du ver à soie........ 57

V.

Filature de la soie.— Dévidage des cocons. 64

VI.

Préparations et usages de la soie......... 72

TYP. HENNUYER, RUE DU BOULEVARD, 7. BATIGNOLLES.
Boulevard extérieur de Paris.

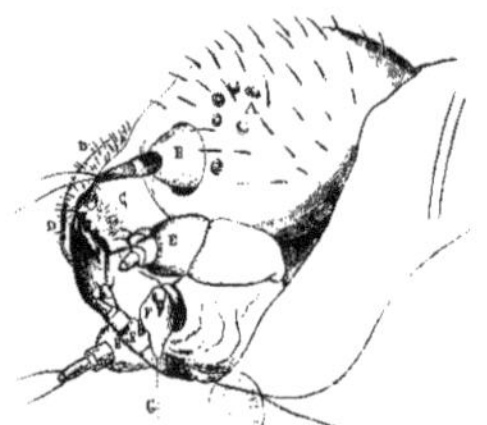

Fig. 2. — Tête ou casque du Ver à soie vu au microscope.
Observation de M. Guérin-Méneville.

A. Les six yeux (On ignore si le ver y voit comme le papillon).
B. Les antennes ou cornes mobiles, organes supposés du tact, du goût ou de l'odorat.
C. Les mandibules ou mâchoires mobiles dentelées, divisant la feuille en particules fines.
D. Lèvre supérieure ou *labre*.
E. Mâchoire.
F. Lèvre inférieure et appareil ou *trompe* d'où s'échappe le brin de soie.

Fig. 15. Papillon du ver à soie du ricin.

Fig. 16. Fileuse ou dévideuse de cocons s'apprêtant à remplacer un cocon

A. Provision de cocons battus dont le fil est détaché.
B. Bassine où trempent les cocons dans l'eau chaude dissolvant la gomme tenant le brin agglutiné.
C. Commencement de la torsion ... lement des brins.
F. Filières ou orifices par le... brins sont maintenus et ré...
R. Robinet d'eau froide ou de va...
R'. Robinet de vapeur.

OUVRAGES DE M. HAMET.

—

PETIT TRAITÉ D'APICULTURE, ou *Art de soigner les Abeilles* (Mouches à miel), orné de 30 figures intercalées dans le texte. Prix, 60 c.

TABLEAU D'APICULTURE, contenant environ 100 figures avec texte explicatif. Prix, 2 fr.

DE L'ANESTHÉSIE DES ABEILLES, avec le moyen de la pratiquer, et ses inconvénients, figures. Prix. 40 c.

TRAITÉ COMPLET D'APICULTURE (*sous presse*).

———

L'APICULTEUR PRATICIEN, journal des cultivateurs d'abeilles, sous la direction de M. H. HAMET, professeur d'apiculture au Luxembourg, paraît tous les mois, depuis le 1er octobre 1855.— Un cahier de 24 pages, avec figures, chaque mois. — Prix, 5 fr. par an, sans couverture, et 6 fr. avec couverture imprimée.
Bureau, rue Montmartre, 148.

TYP. HENNUYER, RUE DU BOULEVARD, 7. BATIGNOLLES.
Boulevard extérieur de Paris.

www.ingramcontent.com/pod-product-compliance
Ingram Content Group UK Ltd.
Pitfield, Milton Keynes, MK11 3LW, UK
UKHW020353180726
13839UKWH00003B/1068